厨房里的科学

厨房里的化学
贪吃怪入侵

柔萱 陈怡萱 编著

石油工业出版社

图书在版编目（CIP）数据

厨房里的化学 . 贪吃怪入侵 / 柔萱，陈怡萱编著.
北京 ：石油工业出版社，2024.12. -- ISBN 978-7-5183-7090-0

Ⅰ.O6-49

中国国家版本馆CIP数据核字第2024VW6999号

厨房里的化学　贪吃怪入侵

柔萱　陈怡萱　编著

出版发行：石油工业出版社
　　　　　（北京安定门外安华里2区1号楼 100011）
网　　址：www.petropub.com
编 辑 部：（010）64523689
图书营销中心：（010）64523633
经　　销：全国新华书店
印　　刷：北京中石油彩色印刷有限责任公司

2024年12月第1版　2024年12月第1次印刷
850毫米×1000毫米　开本：1/16　印张：5.5
字数：61千字

定价：49.80元
（如出现印装质量问题，我社图书营销中心负责调换）
版权所有，翻印必究

前 言

厨房里有什么？你一定会说：有柠檬、菠萝、紫甘蓝，有白醋、食盐、小苏打，有筷子、汤勺、饼干盒，还有热汤、面包、白米饭……

可是，你知道吗：菠萝能做嫩肉粉？生豆浆竟然有毒？紫甘蓝能当指示剂？可乐能让鸡蛋壳变薄？柠檬汁可以用来写密信？白醋和小苏打遇到一起竟然能变魔术？

翻开这本书，你就如同走进了一个妙趣横生的科学王国。这里有充满好奇心的牛小顿、知识渊博的怪博士、善良可爱的嘟嘟国王、细致周到的慢吞吞小姐……他们在小小的厨房里，用一个个风趣幽默的故事，为我们呈现出一场场精彩的科学盛宴。

故事中疑点重重，别着急！"化学来揭秘"版块用化学知识，深入浅出地为你释疑解惑，揭开日常现象中所包含的科学原理。

"厨房是个实验室"版块里，设计了许多富有创意的科学小实验。小实验用到的实验器材都是厨房里的常见物品，轻松可得。科学实验卸下了它的严肃和刻板，变得有趣又亲切。

在这里，厨房不仅仅是烹饪的场所，更是小朋友们爱上科学、探索科学的起点。

目 录

滴答国王来做客——蛋白质变性……………………………… 01

荒岛求生记——水的净化…………………………………… 15

菠萝怪——草酸钙与菠萝蛋白酶……………………………… 29

一场误会——豆腐…………………………………………… 43

开心魔法瓜——特殊防锈法………………………………… 57

贪吃怪入侵——有毒的食物………………………………… 71

滴答国王来做客

蛋白质变性

滴答国的滴答国王来做客,他给嘟嘟国王带来了一大箱礼物。大箱子里装的是什么?那些黑乎乎、圆溜溜的东西是什么呀?它们是怎样做成的呢?

滴答国王来稀奇古怪国做客,他给嘟嘟国王带来了一大箱礼物。

滴答国王笑呵呵地把装礼物的大箱子,推到嘟嘟国王跟前:"猜一猜,这里面装的是什么?"

"我猜一定是好吃的美食!"嘟嘟国王说,"你知道,我最大的爱好就是吃吃吃!"

"没错!"滴答国王笑着打开大箱子,里面装着的,竟然是一个个黑乎乎、圆溜溜的东西。

　　嘟嘟国王拿出一个看了看,只见这圆溜溜的东西外层很粗糙,摸一摸,硬邦邦的,闻一闻,有股怪怪的味道。嘟嘟国王把它丢回箱子里,撇撇嘴说:"这哪是什么美食,分明是一颗大泥丸呀!"

　　"你可别小看它……"滴答国王饶有兴致地拿起一颗,仔细给嘟嘟国王介绍,"这个东西做成可不容易。"

　　"那么,它是怎么做成的呢?"嘟嘟国王好奇地问。

"首先,要有干净又新鲜的鸭蛋若干个。"滴答国王比比画画地说,"然后,找一堆稻草放在一个大盆里,点燃烧成草木灰,把草木灰倒出一部分备用。接下来,用手使劲儿把草木灰搓一搓,搓成粉末,再倒入生石灰、纯碱和食盐。最后,在盆里加入适量水,用木棍把盆里的混合物搅拌成'泥浆'。"

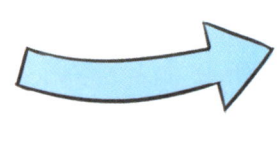

"唉！什么草木灰、生石灰、纯碱、泥浆……感觉这些东西脏乎乎的，跟美食好像不沾边儿呀！"嘟嘟国王听了直摇头。

"别急。"滴答国王不紧不慢地接着介绍，"准备好这些'泥浆'后，我们把每颗鸭蛋放进去打个滚，再把穿着'泥浆'外套的鸭蛋，放进草木灰里滚一滚。"

"哇！好复杂呀！"嘟嘟国王忍不住插嘴。

"把裹了泥浆和草木灰的鸭蛋放进罐子里密封好。把罐子放到阴凉处，静静地等上一个月左右。"滴答国王把手里那颗黑乎乎、圆溜溜的"大泥丸"举到嘟嘟国王眼前，说，"最后，它们就成了这个样子。"接着，滴答国王又笑盈盈地补充了一句："对了，它们有个好听的名字叫——松花蛋。"

"松花蛋？"嘟嘟国王把手里的蛋翻来覆去看了好几遍，疑惑地问，"没有看到松花呀？为什么叫松花蛋？"

"跟我来。"滴答国王拉着嘟嘟国王走进厨房。他把松花蛋在灶台上磕了几下，松花蛋外面一层硬邦邦的泥壳裂开了。滴答国王手脚麻利地把蛋的外皮剥开，露出里面黝黑发亮的松花蛋。

"哇！"嘟嘟国王看着松花蛋赞不绝口，"这颗松花蛋晶莹剔透，像是用黑玉精雕细琢而成的。还有……"很快，嘟嘟国王又有了新发现，他又惊又喜地叫起来："快看，快看！蛋里竟然真的有一簇簇银色的松花！这些松花好漂亮，有的像黑夜里的星星，有的像大海里的珊瑚……"嘟嘟国王感叹道："这分明是一件精美绝伦的艺术品呀！"

"松花蛋可不只是好看，更重要的是，它还很好吃。"滴答国王说着，把手里的松花蛋切成小块，放进一个小碗里。然后又用醋、酱油和蒜末调成料汁，淋在松花蛋上。他把这碗松花蛋递给嘟嘟国王："请您品尝！"

正在这时,胖公主回家了。她刚进家门,只听从厨房里传来一阵欢呼:"天哪!真是太好吃啦!这简直就是天下第一美食!你送的这一大箱礼物真是太珍贵啦!"

"天下第一美食?"胖公主听得直流口水,她一低头,发现地上放着一大箱礼物。胖公主忙蹑手蹑脚地走过去,悄悄打开箱子一看:咦,里面装的是一颗颗黑乎乎、圆溜溜的东西。

　　胖公主拿起一颗摸了摸,心里美得直冒泡:肯定是巧克力!而且还是包裹了一层硬脆皮的巧克力哦!想到这里,胖公主迫不及待地张开嘴巴,对着手里的"脆皮巧克力"咔嚓就是一大口。

　　"呜呜呜……原来是个大泥丸!"胖公主满嘴泥渣,话都说不清楚了,她气得跺着脚呜哇乱叫,"这算是什么天下第一美食?骗人!"

化学来揭秘

小朋友,你吃过松花蛋吗?松花蛋,又叫皮蛋、变蛋等。它口味独特,保质期长,深受人们喜爱。

松花蛋在制作过程中,发生了蛋白质变性。蛋白质在高温、强酸、强碱等环境中,性质会发生变化,失去活性。这个过程叫蛋白质变性。

松花蛋是碱性的,醋是酸性的,吃松花蛋时,最好像故事中一样,放点醋来中和一下,吃起来味道会更鲜美。

鸭蛋是如何变成松花蛋的呢？

在制作松花蛋时，先用草木灰、生石灰、纯碱和水调制灰料。灰料里还可以加入食盐，增加口味。生石灰（氧化钙）遇水反应生成熟石灰（氢氧化钙），接着，熟石灰又分别和纯碱（主要成分是碳酸钠）、草木灰（主要成分是碳酸钾）发生化学反应，生成强碱——氢氧化钠和氢氧化钾。生成的氢氧化钠和氢氧化钾能透过蛋皮上的细孔，渗入鸭蛋中，使其中的蛋白质变性、凝固，并放出少量的硫化氢气体。

这些硫化氢气体与鸭蛋中的矿物质作用，生成多种硫化物。于是，鸭蛋的颜色发生了变化。蛋清变成了茶褐色，蛋黄变成了墨绿色。

松花蛋上的松花是怎样形成的？松花蛋的名字来源于像松花一样的花纹。这些漂亮的松花是"雕刻大师"强碱雕成的。强碱渗入鸭蛋中发生化学反应生成了结晶，这些晶体沉积在蛋清中，就像一朵朵美丽的松花一样。

厨房是个实验室

牛奶变形记

🔍 实验准备

小勺 1 个　杯子 1 只　柠檬 1 个　小刀 1 把　牛奶 1 盒

实验步骤

（1）把牛奶倒进杯子里。

（2）用小刀把柠檬切成两半。切柠檬时，一定要注意安全。

（3）用手挤压柠檬，把柠檬汁滴进牛奶里。

（4）用小勺搅拌均匀，静置10分钟。

（5）仔细观察，牛奶变成了像豆腐脑一样的絮状物。

💡 **你知道吗**

牛奶中含有丰富的蛋白质，柠檬汁中含有大量的酸性物质。二者混合后，蛋白质会发生变性，生成难溶于水的白色絮状物。

荒岛求生记
水的净化

急匆匆先生和慢吞吞小姐一起去水水国送信。快到水水国的时候，快艇没油了，他们被迫来到荒岛上，这里的水很脏，为了喝到干净卫生的水，慢吞吞小姐先用滤网和活性炭去除水里的杂质。最后，她是用什么给水消毒的呢？

一大早，嘟嘟国王叫来急匆匆先生，交给他一封信，并且千叮咛万嘱咐："这是一封非常重要的信，天黑前，一定要亲手交到水水国国王手里。"

"您放心吧！"急匆匆先生急忙把信塞进口袋里，又用手按了按，很坚定地对嘟嘟国王说，"保证完成任务！"

去水水国要走水路，急匆匆先生跳上一艘快艇，刚要出发。这时，慢吞吞小姐来了，她慢悠悠地上了快艇，说："嘟嘟国王还是有点儿不放心。你做事速度快，但却很粗心；我做事慢吞吞，但却细致。一快一慢，一粗一细，刚好互补。我跟你一起去送信，这样才万无一失。"

"好吧！"急匆匆先生答应一声，开着快艇急匆匆地出发了。

"突突突……"快艇果然很快，刚到中午，就已经快到水水国了。"不错，不错！看来我们要提前完成任务喽……"急匆匆先生话音刚落，"咔嗒"，快艇停了，刚好停在一个荒岛旁边。

"这是怎么回事？"慢吞吞小姐问。

"哎呀呀！都怪我！"急匆匆先生急得直拍脑门儿，"出发时急匆匆，忘记给快艇加油了。现在油用光了，快艇抛锚了。"

没办法,急匆匆先生和慢吞吞小姐只好登上荒岛,在一棵大树下坐下来。急匆匆先生从口袋里翻出一块面包,分了一半给慢吞吞小姐。

吃完面包,急匆匆先生觉得口渴:"唉!都怪我,出发时急匆匆,忘记带水了。"他发现前面有一个小水潭,可是水面上一群水鸟在悠闲地游来游去。水上漂浮着一根根羽毛,水下还有一坨坨鸟粪。

"哎呀呀！好恶心！"急匆匆先生看着水，怎么都喝不下去，可嗓子渴得都快冒烟了。

"我来把水净化一下，就能喝了。"慢吞吞小姐不慌不忙地从快艇上拿来一只大桶和一个细孔网。接着，她打来一桶水，用细孔网把水里的羽毛、鸟粪、水草等杂物捞出去。

然后，慢吞吞小姐打开自己的背包，从背包里拿出几个小包，放进水里。小包上写着三个大字——活性炭。

急匆匆先生奇怪地问："活性炭？炭不是用来烤肉的吗？"

慢吞吞小姐白了急匆匆先生一眼，不紧不慢地说："这些活性炭疏松多孔，吸附性很强，可以除去水里细小的杂质、色素和异味。你瞧——"慢吞吞小姐指了指那桶水，只见桶里的水变得清亮透明。

急匆匆先生拿起杯子就要喝。

"等一等……"慢吞吞小姐拦住急匆匆先生，"这桶水看着干净，可是里面有很多有害的微生物，喝了这样的水，人会生病的。"

"那怎么办？"急匆匆先生很着急，"这荒岛上没有医院，生病可太可怕了。"急匆匆先生急忙摸了摸口袋，失望地说："糟糕！出发时急匆匆，我忘记带火柴或打火机了，没办法把水烧开杀菌。"

"别急，我有办法。"慢吞吞小姐不慌不忙地从背包里拿出一包漂白粉倒了一些在水里，然后把桶里的水晃了晃，说，"我来给这桶水消消毒。"

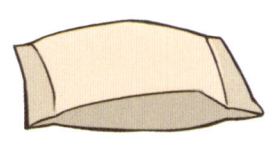 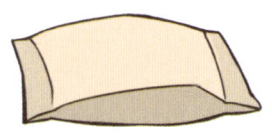 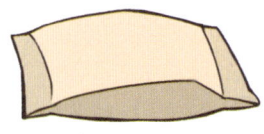

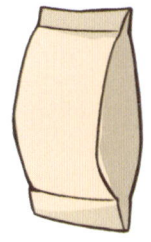

"漂白粉竟然还能给水消毒。"急匆匆先生简直惊得目瞪口呆。

"当然啦！不过切记一定要严格按照使用说明规定的比例使用哦！过量使用对人体有害！"过了一会儿，慢吞吞小姐慢悠悠地对急匆匆先生说，"现在，这桶水可以放心喝了。"

"是吗？"急匆匆先生半信半疑地舀了一杯水，喝了下去。哇！果然肚子没有不舒服的感觉。

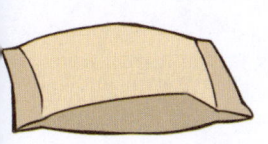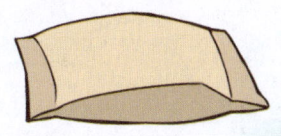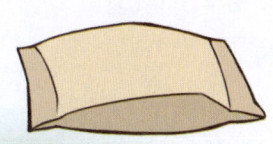

吃饱喝足，急匆匆先生又开始着急："嘟嘟国王让我们今天天黑前，一定要把信亲手交给水水国国王。我们被困在这个荒岛上，怎么办呢？"

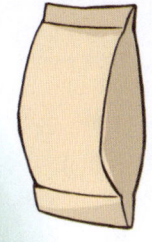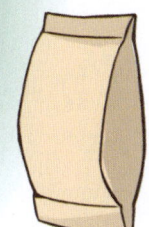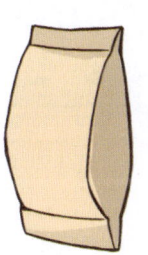

"别急，我有办法。"慢吞吞小姐慢悠悠地指了指远处，对急匆匆先生说，"你瞧，那边有一艘轮船经过，我们可以搭轮船去水水国。"

"可他们看不到我们呀！"急匆匆先生急得直冒汗。

慢吞吞小姐建议："你的上衣颜色鲜艳，你可以把上衣脱下来，举在手里使劲儿挥一挥，他们就会发现我们了。"

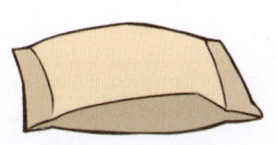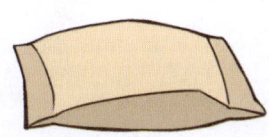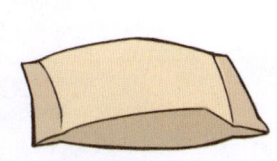

慢吞吞小姐的办法真不错。果然,轮船上的人很快注意到了他们。急匆匆先生和慢吞吞小姐坐上轮船,赶在天黑前,来到了水水国,见到了水水国国王。

"尊敬的国王,"急匆匆先生对国王说,"嘟嘟国王让我把一封很重要的信送给您。"说着,急匆匆先生急忙把手往上衣口袋里伸……

这一伸手不要紧,急匆匆先生吓出了一身冷汗:"糟糕!都怪我!刚才急着上轮船,把上衣丢到荒岛上了。"

化学来揭秘

小朋友，你知道吗？我们平时喝的自来水都是经过自来水厂净化处理过的。天然水中含有大量泥沙等杂质，还含有许多有害的微生物。自来水厂会先除去水里的杂质，然后进行水的消毒。

自来水厂主要是用氯气来消毒水的。氯气和水反应，会生成次氯酸。次氯酸具有强氧化性，可以杀死水中的各种微生物，避免人们喝水后得病。

自来水采用氯气消毒法消毒，所以有时候你会闻到自来水中有一股氯臭味。不过，不要担心，自来水中的含氯量在安全范围内，不会对人体产生危害的。

漂白粉消毒

漂白粉也常用在自来水消毒中,它的主要成分是次氯酸钙。次氯酸钙与二氧化碳和水发生反应,会生成次氯酸。次氯酸有消毒的作用。

渔民会在鱼塘里撒入漂白粉,用来除掉水里的寄生虫和病菌,让鱼健康、茁壮地成长。

过量的次氯酸钙会随着阳光的曝晒而分解,不会对水质造成影响。

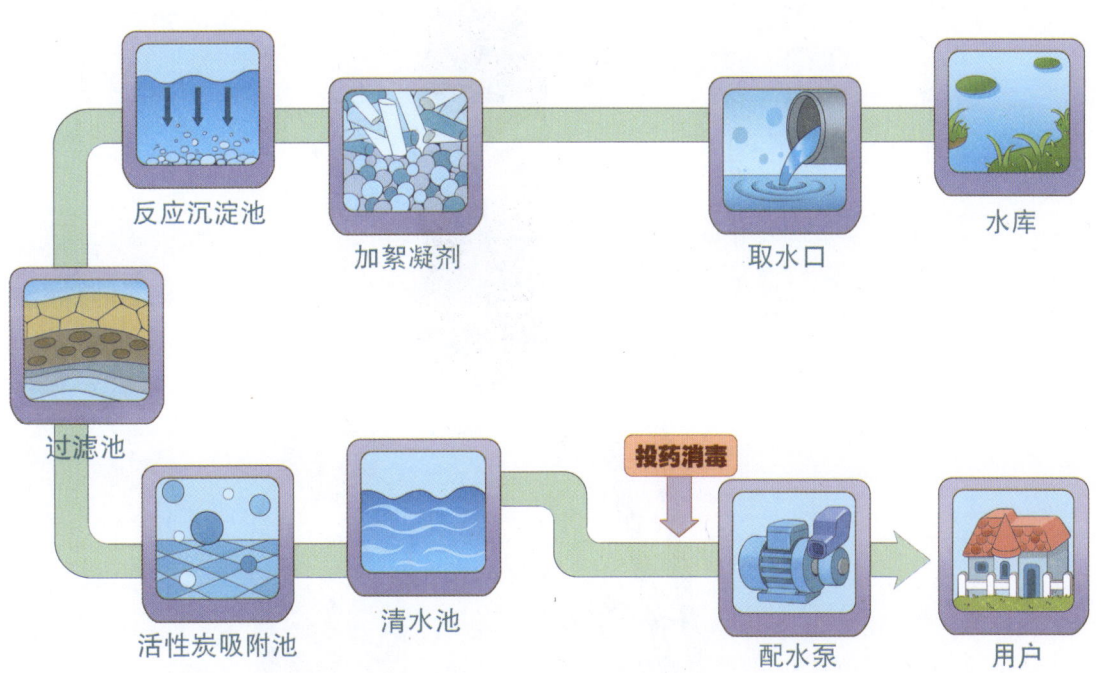

自来水厂净水过程示意图

厨房是个实验室

可乐变淡了

🔍 **实验准备**

可乐 1 瓶　漂白液　杯子 1 个　一次性筷子 1 双

实验步骤

（1）在杯子里倒入半杯可乐。

（2）将适量漂白液倒入杯子里。

（3）用筷子慢慢搅拌，使可乐和漂白液充分反应。仔细观察，发现可乐颜色越来越淡，甚至接近无色。

你知道吗

漂白液中含有次氯酸钠,可乐中含有碳酸,次氯酸钠和碳酸发生反应会生成次氯酸和碳酸氢钠。次氯酸有强氧化性,既能消毒,又能漂白,可以使可乐中的有色物质褪色。于是,可乐的颜色逐渐变淡。

菠萝怪

草酸钙与菠萝蛋白酶

猩猩老板从国外拉来一拖拉机菠萝，菠萝酸酸甜甜很好吃。胖公主吃了菠萝，嘴巴又疼又肿。她觉得菠萝里一定藏着一个可怕的菠萝怪。可是，狐狸小姐、急匆匆先生、幼儿园的小朋友们吃完菠萝，嘴巴却是好好的。那么，菠萝里到底有没有菠萝怪呢？如果有，这个菠萝怪又是谁呢？

"猩猩杂货店"的猩猩老板从外国拉来满满一拖拉机水果。这种水果浑身疙疙瘩瘩的,看起来不怎么好看。

"别看它不好看,却非常好吃哦!"猩猩老板忙着向来来往往的人们推销,"它的名字叫菠萝,吃起来酸酸甜甜的,保你吃完一个,还想吃第二个!"

"哇!菠萝?酸酸甜甜的菠萝!听名字就很好吃。"胖公主买了2个大菠萝。回到家,她把菠萝沿着疙瘩网格切开,拿起一块尝了尝:哈!果然很好吃。

胖公主一口气把两个大菠萝全都吃了。吃完菠萝,她刚要去弹钢琴,突然,嘴里一阵刺疼,就像有人拿针扎自己的舌头。胖公主忙跑到镜子前,张开嘴巴一看——

只见自己的嘴角裂开一个小口,舌头又红又肿,有的地方还在流血。天哪!胖公主吓了一大跳:"一定是有个菠萝怪藏在菠萝里!吃菠萝时,菠萝怪拿着一根根细针,在人的嘴巴里到处乱扎……"想到这里,胖公主一刻都不敢耽误,她忙跑到警察局找黑熊警长报案。

"这还了得!"黑熊警长带着胖公主来到猩猩杂货店。猩猩杂货店门前人头攒动,大家都在抢着买菠萝。

"停,停,停!"黑熊警长挤到装菠萝的拖拉机前面,大声喊道,"这些菠萝被没收了,不能再卖了!"

"为什么呀?"猩猩老板急红了脸。

"菠萝里藏着可怕的菠萝怪呀!"黑熊警长大声说,"人吃了菠萝以后,菠萝怪就会藏在人的嘴巴里,用一根根细针把人的嘴唇和舌头刺疼、刺破!"

"啊？好可怕呀！"不少人吓得赶紧把手里的菠萝扔回到拖拉机上。

"胡说！"这时，狐狸小姐推开人群，走到前面，拿起一个菠萝，说，"我刚吃完一个大菠萝。瞧！我的嘴巴现在不是好好的嘛！"

"可我吃完菠萝，嘴巴又疼又肿。"胖公主不相信，她问狐狸小姐，"你是怎么吃菠萝的呢？"

"我是一个很精致的人哦，吃菠萝当然也很讲究。"狐狸小姐高傲地翻了下眼皮，"我先把菠萝切成一个个薄片，再把这些薄片泡进盐水里，泡了半小时后才吃的。"

"可是……"黑熊警长听了狐狸小姐的话，态度有点缓和，"可是，你吃了菠萝没事，不一定别人吃了菠萝就没事呀！"

"还有我呢!"急匆匆先生急匆匆地挤到前面,大声说,"我刚吃完两个大菠萝,我的嘴巴一点儿都不疼。"

"你是怎么吃菠萝的呢?"胖公主问急匆匆先生。

急匆匆先生飞快地挠挠头,不好意思地笑了:"我新买了一个微波炉,总想着体验一下。于是,我就把菠萝先放进微波炉里转了30秒,然后才吃的。"

"微波炉30秒?这个方法好怪。"黑熊警长不知如何是好,"到底菠萝里有没有菠萝怪呢?"

这时,慢吞吞小姐挤了进来,她笑盈盈地说:"我刚刚给幼儿园的小朋友们用菠萝做了一道菜,我给这道菜起了个好听的名字,叫'咕咾肉'。"

"咕咾肉?"胖公主听了,两眼直冒光,"味道怎么样?好不好吃?"

"好吃到停不下来!"慢吞吞小姐慢悠悠地说,"小朋友们都没吃够,吵着还要吃。我正想再买几个菠萝回去呢!"

既然菠萝这么好吃,而且狐狸小姐、急匆匆先生和幼儿园的小朋友们吃完菠萝嘴巴都是好好的,那么……黑熊警长宣布:"警报解除!菠萝里根本就没有什么菠萝怪!大家放心吃菠萝,猩猩老板放心卖菠萝吧!"

人们一声欢呼,一拖拉机菠萝一抢而光。

胖公主看着人们手里的菠萝,嘴里又一阵刺疼,她很奇怪:菠萝里,到底有没有藏着菠萝怪呢?如果没有菠萝怪,那么,她嘴角上、舌头上的伤口是从哪里来的呢?

化学来揭秘

小朋友，你可能不知道，你在吃菠萝时，菠萝也在"吃"你！因为菠萝里藏着两个"菠萝怪"——草酸钙和菠萝蛋白酶。

草酸钙是一种白色结晶物质，它的样子看上去像一根根细长的"针"。当我们吃菠萝时，草酸钙进入到嘴巴里，就会刺破我们的口腔黏膜、舌头、喉咙，造成损伤，让我们产生"扎嘴"的感觉。

同时，菠萝里的菠萝蛋白酶会分解掉口腔黏膜和舌头上的蛋白质，使它们受到损伤，让人产生"刺痛"的感觉。

菠萝怎样吃才不伤嘴呢？

（1）用盐水泡半小时。

菠萝里的草酸钙能溶解在盐水中。用泡盐水的方法，可以去除菠萝中的草酸钙，防止"扎嘴"。不过，这个方法无法有效抑制蛋白酶的活性。

（2）高温。

用60℃以上的热水浸泡菠萝，或像急匆匆先生一样用微波炉加热30秒，也可以像慢吞吞小姐一样把菠萝加热炒制，这样做既能除掉一些草酸钙结晶，又能降低蛋白酶的活性。吃菠萝时，嘴巴就不会受伤了。

厨房是个实验室

菠萝"化肉大法"

🔍 **实验准备**

菠萝1个　牛肉1小块　小碗　刀　菜板　榨汁机　塑料手套

🧪 **实验步骤**

（1）菠萝去皮切成小块，用榨汁机把菠萝块榨成汁。

（2）牛肉切成片，用手捏一捏，牛肉韧性很强，不容易捏碎。

（3）把切好的牛肉片放进碗里。把菠萝汁倒进碗中，淹没牛肉片，静置2小时。

（4）戴上塑料手套，用手轻轻一捏，牛肉片就碎成了肉渣。

你知道吗

菠萝蛋白酶能把大分子的蛋白质水解成小分子肽或氨基酸。这样，肉类的蛋白质更容易被人体消化吸收。所以，菠萝蛋白酶常被提取出来做"嫩肉粉"。我们也可以在腌肉时直接加入菠萝汁，既能把又硬又老又柴的肉变得软嫩，又安全卫生，还能提升菜的口味和营养价值，一举多得哟！

另外，菠萝蛋白酶还有消炎、止痛、美白等作用呢，所以，它可不是"讨人嫌"的菠萝怪，而是"惹人爱"的万人迷哟！

一场误会

豆腐

豆豆村盛产黄豆,和闹闹村相邻。不过,两个村子关系却一直很差。谁也没想到,一场误会,竟然化解了两个村庄几百年的矛盾。豆豆村的臭豆腐闻起来臭气熏天,可为什么吃起来却鲜香无比呢?

在稀奇古怪国里,有两个村庄——豆豆村和闹闹村。虽然这两个村庄离得很近很近,但关系却很差很差。两个村子互不来往,在闹闹村村口还竖着一块木牌,上面写着:"豆豆村村民禁止入内!"

"哼!真可恶!"豆豆村村民气得鼻子直冒烟。

每年,豆豆村都会种很多黄豆。尤其是今年,豆豆村的黄豆大丰收。屋子里、院子里、晾晒场、马路上……村子里处处堆满了黄豆。蒸黄豆、煮黄豆、炒黄豆,人们顿顿吃黄豆,到最后,一提起黄豆,大家都捂着嘴巴直往后躲。

这可怎么办呀？豆豆村村长忙打电话给怪博士："请问，尊敬的博士，有没有什么让黄豆变好吃的方法呀？"

"当然有！"怪博士说，"我在外国出差时，看到有人把黄豆做成一种叫'豆腐'的东西，软软嫩嫩的，吃起来有种特别的香味儿。"接着，怪博士把豆腐的制作方法一股脑儿地告诉了豆豆村村长。

放下电话，豆豆村村长按照怪博士教的方法，开始忙活起来——

首先，泡豆子。村长把豆子清洗干净，再用凉水浸泡。十几个小时后，豆子已经泡得又大又软，用手轻轻一捏，豆子就被捏碎了。

接着，冲豆浆。村长把泡软的豆子放到石磨上，磨成豆浆。磨好的豆浆放进一个大桶里。村长又烧了一大锅开水，然后，把开水直接倒进装有豆浆的大桶里，反复搅拌。

然后，过滤豆浆、煮豆浆。村长拿来一块纱布，把豆浆里的渣滓全都过滤掉。再把豆浆倒进锅里，撇掉上面浮着的泡沫。开大火把豆浆煮沸。

最后，是点豆腐。豆浆煮8到10分钟，煮熟后，停止加热，放凉3分钟。然后，村长把事先准备好的卤水放进大桶里，再把热豆浆倒进卤水里。几分钟后，桶里的豆浆开始凝聚，变成了嫩嫩的豆花。村长在长方形的沥水篮里，铺上一块纱布。接着，他把豆花盛

出来，放到纱布上，再用纱布把豆花包好，上面压上一块石头。20分钟后，拿掉石头，打开纱布——哈！嫩嫩的豆花已经变成一大块豆腐啦！

村长把豆腐做成了一桌豆腐宴——炸豆腐、炒豆腐、凉拌豆腐、手掰豆腐、红烧豆腐……他叫村民们都来品尝。

"香味独特，与众不同！"

"软弹鲜嫩，好吃好吃！"

"哇！天底下竟然还有这样的美味！"

人们赞不绝口，最后，大家一起问："这么好吃的美食，是用什么做成的呀？"

"黄豆！"村长笑盈盈地把豆腐的制作方法告诉了大家。

没想到，黄豆还能这么吃！村长刚说完，大家一哄而散，都急着跑回家做豆腐去了。

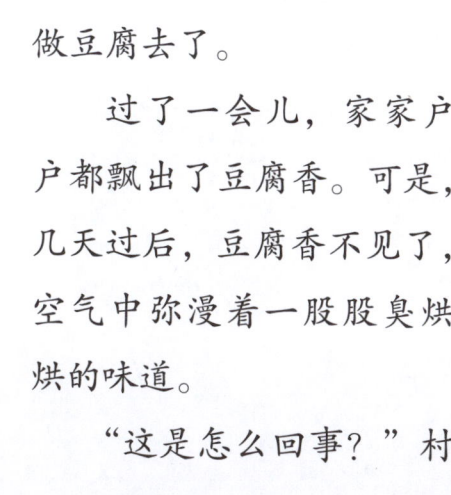

过了一会儿，家家户户都飘出了豆腐香。可是，几天过后，豆腐香不见了，空气中弥漫着一股股臭烘烘的味道。

"这是怎么回事？"村

长皱着眉头,到处找臭味儿的来源,"是不是闹闹村捣乱,往我们村子里扔了几颗臭气弹?!"他东闻闻,西看看,走到一家门前,感觉臭味儿越来越浓。只见门前大桌子上放着好多玉米叶子,玉米叶子上面盖着一层纱布。村长凑近纱布一闻——啊!他差点儿吐出来,原来,臭味儿是从纱布下冒出来的!

村长气哼哼地揭开纱布一看,只见纱布下是一块块巴掌大的豆腐块,原本白白的豆腐变成了淡黄色,上面还长满了黄色的绒毛。

村长捏着鼻子大声嚷嚷:"谁家的豆腐,都放臭了!赶紧扔掉!"

村长一嚷,一群人围了过来,人们七嘴八舌地开始抱怨:

"豆腐好吃,可是不好放。做好的豆腐吃不完,过几天就会变臭。"

"是啊,我家的豆腐也臭了许多,每天被豆腐的臭味儿熏得头昏脑涨。"

"家家都有臭豆腐,扔到哪里都不合适呀!扔到水里,水会变臭;扔到屋外,空气会变臭;扔到路上,鞋子会变臭……"

突然,村长一拍脑门儿,说:"不如,我们把臭豆腐扔到闹闹村。"

"哇!真是个好办法!"大家听了直点头。他们立刻开始行动,把自己家的臭豆腐装进瓶瓶罐罐里。到了晚上,天彻底黑下来了,豆豆村的村民们偷偷地把瓶瓶罐罐扔进了闹闹村。

这些天,闹闹村的人们也很烦,今年村民们种的闹闹米颗粒无收。没有米吃,大家天天都饿肚子。

第二天一早,闹闹村的人们发现大街上、马路上、院子里……到处扔满了瓶瓶罐罐。打开瓶瓶罐罐,里面冒出一股股臭气。一个饿得皮包骨的小孩壮起胆子,伸手从罐子里捏出一块,放进嘴巴里尝了尝,连声夸赞起来:"哈!好吃,好吃,真好吃!"

真的好吃吗?一个年轻人忍不住尝了尝:"哇!这个东西闻着臭,吃着却很香!"

大家都开始吃起了臭豆腐。一个白发苍苍的老年人慢悠悠地说:"这个东西叫臭豆腐,是用黄豆做成的。我小时候在外地见到过。"

臭豆腐,黄豆做成的……这些臭豆腐一定是豆豆村的人们做好,然后悄悄送给我们的。大家七嘴八舌地开始议论:"豆豆村的人们可真好!""是啊,他们知道我们挨饿,悄悄送臭豆腐给我们吃。"然后大家一起问村长:"为什么要禁止豆豆村村民来我们村呢?"

闹闹村村长挠了挠头:"这个嘛,我也不知道。村口的牌子几百年前就有,是我爷爷的爷爷的爷爷的爷爷竖起来的了。"说完,他带着村民们来到村口,把那块"禁止入内"的牌子拔掉了。

闹闹村长还写了一封信:"感谢你们送来的臭豆腐,它'闻着臭,吃着香',是难得的美味!闹闹村的大门永远向你们敞开,欢迎你们随时光临。

——闹闹村村长和全体村民"。

到了晚上,闹闹村村长把信悄悄地扔进了豆豆村。

第二天,豆豆村的人们发现了这封信,看过之后议论纷纷:

"他们竟然以为,我们把臭豆腐送给他们是好心。"

"真是一场误会!"

"没想到,我们嫌弃的臭豆腐,竟然是'闻着臭,吃着香'的美味!"

最后,豆豆村村长说:"其实,我们也要感谢闹闹村,是他们帮我们发现了这个'闻着臭,吃着香'的大秘密。"

现在,豆豆村和闹闹村简直是亲如一家,两个村子还合作开了一家臭豆腐工厂呢!他们怎么也没想到,几百年的矛盾,竟然被一场误会给化解啦!

化学来揭秘

小朋友,你吃过臭豆腐吗?吃臭豆腐绝对挑战你的勇气。开始不敢吃,吃过又忘不了,真是"闻着臭,吃着香"。

臭豆腐闻着臭主要是因为在发酵过程中,豆腐中的蛋白质在微生物作用下,分解生成了硫化物,卤水经过发酵产生吲哚,还有一部分含硫的氨基酸分解成了硫化氢和氨。其中,氨气是有强烈刺激性的气体;硫化氢有臭鸡蛋气味;吲哚则存在于臭屁中。看看这些生成物,你就知道臭豆腐到底有多臭了吧!不过别怕,发酵也会产生大量滋味鲜美的氨基酸,所以臭豆腐吃着香。

臭豆腐鉴别小窍门

现在，有些不法商贩为了降低成本、节省时间，会使用"臭精"来制作臭豆腐。所谓"臭精"就是一些对人体有害的化学药剂的混合物，用于给豆腐上色、上味，用"臭精"制作的"速成臭豆腐"严重影响人的身体健康。我们要练就火眼金睛，把这种害人的"速成臭豆腐"识别出来。这里向大家介绍三个小窍门。

（1）看浸泡的水：如果浸泡豆腐的水黑得像墨汁，而且还有小颗粒或红褐色沉淀，就是速成的臭豆腐。

（2）闻气味：如果豆腐表面有刺鼻的恶臭味儿，甚至有金属味，就是速成的臭豆腐。

（3）看内里：掰开豆腐看一看里面，如果里面颜色白，味道淡，就是速成的臭豆腐。

做豆花

🔍 **实验准备**

黄豆 凉白开水 搅拌机 葡萄糖酸内酯 碗

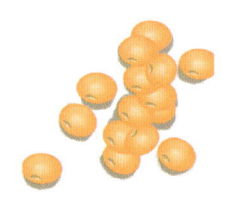

实验步骤

（1）100克黄豆用水浸泡5小时。

（2）把黄豆放入搅拌机，加水1000毫升，打成豆浆。

（3）把豆浆倒入锅里，开火熬煮。煮沸后，小火再煮10分钟，把豆浆彻底煮熟。

（4）用滤网或纱布把豆浆中的豆渣过滤掉。

（5）把2克葡萄糖酸内酯放入大碗里，用适量凉白开水溶解。把豆浆冲入大碗里。

（6）保温10分钟后，美味豆花就做好啦！

💡 你知道吗❓❔

小朋友，煮豆浆时，你会看到豆浆放进锅里后不久就开始沸腾了。你可千万不要以为这时的豆浆已经煮熟了，其实，这只是假沸！

"假沸"指的是豆浆刚刚加热到80多摄氏度时，就开始沸腾的现象。豆浆之所以会假沸，是因为黄豆中有一种叫"皂素"的毒素，这种毒素受热达到80多摄氏度就会膨胀，漂浮到豆浆表面，形成大量像肥皂泡一样的白色泡沫。大量泡沫的出现，会让人产生豆浆沸腾了的错觉。

没有煮熟的豆浆会残留有毒物质，人喝了会中毒。不过不用担心，只要把豆浆煮熟，这些有毒物质会在加热过程中分解、消失，就不会对人造成任何伤害啦！

开心魔法瓜

特殊防锈法

咕噜魔法师种的开心魔法瓜熟了。吃了这种魔法瓜，可以让人开开心心好长时间。嘟嘟国王为了让好朋友叹气国王开心起来，想要把开心魔法瓜做成罐头。可是，用什么材料来装呢？玻璃瓶有点重，又轻又薄的白铁和马口铁，哪一个更适合呢？

"好消息！好消息！"咕噜魔法师举着大喇叭，开开心心地到处喊，"开心魔法瓜熟了！我种的开心魔法瓜熟了！欢迎大家去我的魔法菜园吃瓜啊！"

听魔法师这么一说，大家都兴冲冲地跑去魔法菜园吃瓜。

嘟嘟国王一面吃，一面好奇地问："这个开心魔法瓜，看上去样子像个大西瓜，吃起来味道也像大西瓜。请问，它和大西瓜有什么不一样的地方吗？"

"当然有啦！"咕噜魔法师顺手拎起一个开心魔法瓜，耐心地向大家解释道，"它虽然长相和味道跟大西瓜一模一样，但它是有魔法的，吃了这个魔法瓜，会让人开开心心好多天！"

"哇！"一个满脸皱纹的老奶奶笑逐颜开地说，"怪不得，吃了魔法瓜，我一直憋不住想笑。要知道，我已经好多年没有笑过了。"

其他人也都笑哈哈地直点头。很快，大家都吃得肚皮鼓鼓，再也吃不下去了。咕噜魔法师数了数，菜地里的开心魔法瓜还剩下一百个。

看着剩下的开心魔法瓜，嘟嘟国王想起了自己的好朋友——叹气国王。叹气国王天天愁眉苦脸，唉声叹气。嘟嘟国王想：如果叹气国王吃了开心魔法瓜，就能和那位老奶奶一样，尝一尝开心的滋味了。

于是，嘟嘟国王跟咕噜魔法师提议："不如把这一百个开心魔法瓜，送给叹气国国王吧！"

咕噜魔法师有点为难："开心魔法瓜成熟后，保质期只有1天。可是，叹气国至少要3天才能到。"

"哦，这可真是个坏消息！"嘟嘟国王无可奈何地摇摇头。

"我有好办法。"牛小顿站出来大声说，"我最喜欢吃罐头了，可以把开心魔法瓜做成罐头，装进罐子里，放一年都不会坏。"

好吧！嘟嘟国王立刻叫来厨师，把开心魔法瓜做成了罐头。

可是，问题又出现了：应该装进什么样的罐子里呢？

"可以装进玻璃罐里。"牛小顿想了想说，"玻璃密封性很好，不怕水，不透气，可以保护开心魔法瓜罐头不受细菌污染，不发霉、不变质。"

"不行，不行！"急匆匆先生急匆匆地摆摆手，"玻璃罐太重了！从稀奇古怪国到叹气国，路途遥远，运输起来会很累的。我想……"他指了指墙角放着的一只水桶说："这只水桶是用'白铁'做成的，既轻便，又不怕磕、不怕碰，还不容易生锈。如果用这种'白铁'做成铁罐，来装魔法瓜罐头应该不错哟！"

嘟嘟国王刚要点头同意,这时——

"不可以,不可以!"怪博士忙摇头摆手,"这种'白铁'虽然轻便、不怕磕碰,也很防锈,但是它有一个致命的缺点:为了防锈,人们在低碳钢外面镀了一层锌。锌不怕水,但很怕酸,容易和酸发生反应,生成的锌盐有很强的毒性。而很多食物都是酸性的,比如魔法瓜。所以,如果用'白铁'来装魔法瓜,食用时容易引起中毒,多危险呀!"

"这不行,那不行!那么,用什么材料装才行呢?"嘟嘟国王有点着急了。

这时,慢吞吞小姐不慌不忙地走过来,她的手里拿着一罐沙丁鱼罐头:"瞧!用这样的铁罐装再合适不过啦!"慢吞吞小姐说着,用手指敲了敲沙丁鱼罐头的铁罐,慢悠悠地开始解释:"这个铁罐是用'马口铁'做成的。为了防锈,人们在薄钢板外面镀了一层锡。马口铁密封性好,更重要的是,外层镀的锡不怕水,也不怕酸。所以,用马口铁来装酸性的魔法瓜,最合适不过啦!"

"好!"嘟嘟国王拍手称赞,"还是慢吞吞小姐选的材料最棒!"

很快,一百个马口铁罐头盒做好了。接着,大家把魔法瓜装进罐头盒里,密封好,放到小车上。

由谁来送这些罐头合适呢?当然是急匆匆先生喽!急匆匆先生开车就走,慢吞吞小姐忙问嘟嘟国王:"要不要先打个电话,告诉叹气国王一声?"

"不,不!"嘟嘟国王笑呵呵地摇摇头,"我要给他一个惊喜。"

第二天下午,咕噜魔法师跑来找嘟嘟国王,一面跑,一面兴奋地叫道:"好消息,好消息!您的好朋友——叹气国王来做客啦!"

嘟嘟国王一阵惊喜，接着又一阵惋惜："哎呀呀！可惜魔法瓜罐头已经送走了！叹气国王来做客，为什么不先打电话说一声？"

咕噜魔法师笑哈哈地答道："他说——要给您一个惊喜！"

化学来揭秘

生活中，我们经常看到锈迹斑斑的铁钉、铁锹、铁链子等。铁很活泼，在潮湿环境中会和空气中的氧气发生反应，生成氧化铁，这就是我们常说的铁生锈。为了防止铁生锈，人们常在铁皮外面镀上一层其他金属，这就像给铁皮穿上了一件"保护罩"一样。

白铁穿的"保护罩"是锌。锌比铁还要更活泼一点，遇到空气中的氧气时，锌会"抢先"和氧气发生反应，就像一个冲在前面的"急先锋"一样，牺牲自己，保护铁的安全。只要有锌在，氧气就不会再找"铁"的麻烦了。

马口铁穿的"保护罩"是锡。锡比铁要稳重很多，它不容易和空气中的氧气发生反应。锡站在铁的外面，就像一道铜墙铁壁一样，挡住外面的氧气，保护里面的铁不生锈。

谁最受食品喜爱

白铁和马口铁的防水防锈效果都非常好,但锌的价格比锡要便宜很多,所以,镀锌的"白铁"比镀锡的"马口铁"更经济实惠,而且白铁比马口铁还更耐用,所以常用来做水桶、货架、管道等。不过,镀锌的白铁非常怕酸,一旦遇到酸性物质,会快速腐蚀,并且生成对人体有毒的锌盐。镀锡的马口铁不怕酸,锡只有遇到强酸才会被腐蚀,一般食物中的酸都不会对锡造成伤害。所以,装食品的包装,比如罐头盒、茶叶桶、巧克力盒等,大多用到的是马口铁。

厨房是个实验室

瓶盖生锈了

🔍 **实验准备**

相同的马口铁瓶盖2个　盘子2个　盐水　小刀

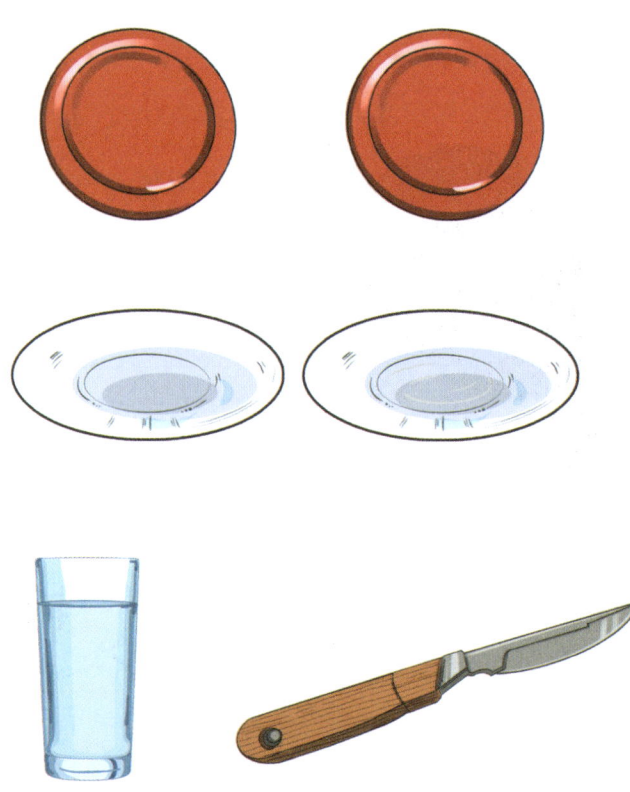

实验步骤

（1）用小刀在一个马口铁瓶盖上划几下，露出内层的铁。

（2）在一个盘子里放入有划痕的马口铁瓶盖，在另一个盘子里放入完好的马口铁瓶盖。在2个盘子里倒入盐水，没过里面的瓶盖。

（3）两天后，仔细观察。发现有划痕的马口铁瓶盖生锈比较严重，而完好无损的马口铁瓶盖没什么变化。

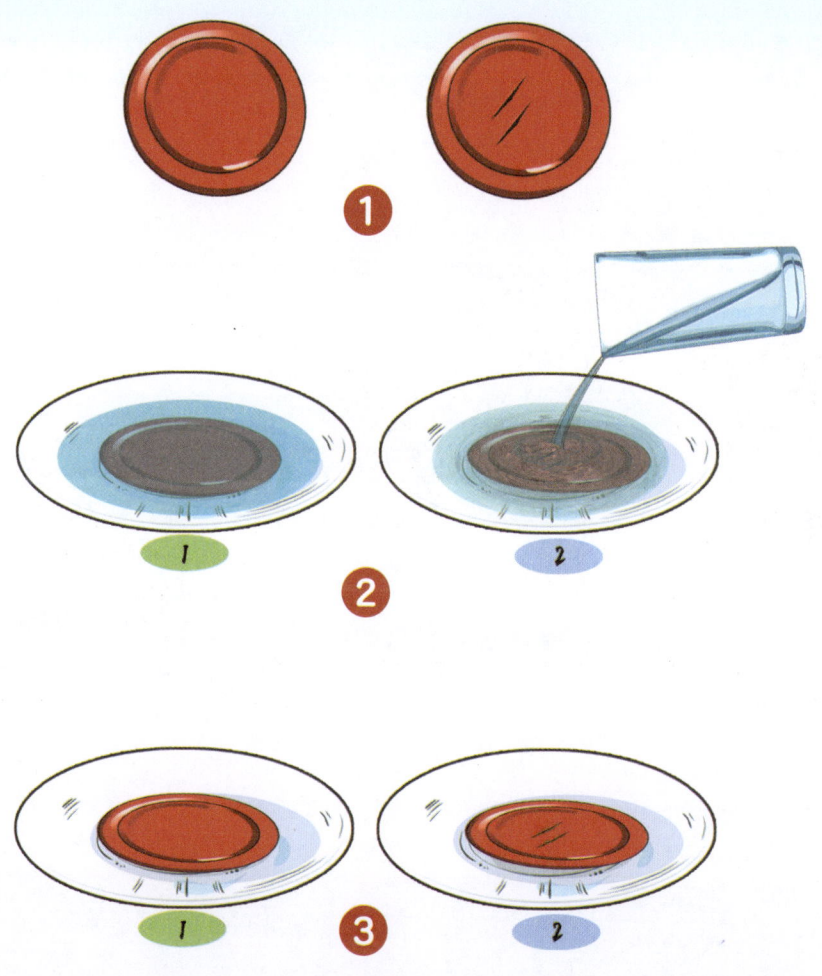

你知道吗

马口铁被划后，外面的锡镀层被破坏，里面的铁会更容易生锈。这是因为锡不像锌那么大方，它不会牺牲自己保护铁的安全。相反，铁反而要牺牲自己，先被氧化来保护锡的安危。所以，马口铁一旦有裂痕，里面的铁会不断被锈蚀，甚至比没镀锡的时候锈蚀得还要快。

因此，镀锡罐上有污渍，不要用钢丝球等硬物清洁，可以用棉布轻轻擦拭。

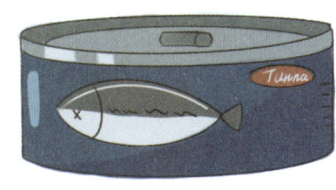

贪吃怪入侵
有毒的食物

贪吃星球的贪吃怪来到稀奇古怪国,他吃了一棵苹果树,觉得好吃极啦!于是,贪吃怪想把家搬到稀奇古怪国。慢吞吞小姐不慌不忙地给贪吃怪做了几道鲜香无比的美食。结果,贪吃怪却吃得口吐白沫。这是怎么回事呢?

吃过早饭，嘟嘟国王正眯着眼睛，坐在院子里的摇椅上乘凉。突然，"咚"的一声，一艘大飞船刚好落在嘟嘟国王院子外面的广场上。

嘟嘟国王的摇椅被震得摇晃了好几下，他忙睁开眼，飞快地站起来，跑到院子外面去看是怎么回事。

院子外面的广场上挤满了人，大家正对着飞船指指点点，议论纷纷。

"啪！"飞船门开了，从飞船上走下来一个圆溜溜的大怪物。大怪物的嘴巴很大很大，占了整个身体的二分之一。他一张嘴，嘴角就稀里哗啦地直流口水。

"好可怕的怪物!"人们都吓得不知所措,互相打听,"他是谁?从哪里来?要干什么?"

怪博士忙从口袋里,掏出一本《十万个我知道》翻了翻,然后表情沉重地告诉大家:"他是从贪吃星球来的贪吃怪,这种怪物特别贪吃,嘴巴大得像箩筐,酸甜苦辣咸,什么味道都能吃,甚至连树皮都能咽得下。"

嘟嘟国王听了,吓了一大跳:"我的摇椅岂不是要成为他的零食了?"

正在这时,贪吃怪伸着鼻子,左右闻了闻,然后伸手拔起旁边一棵苹果树,放进嘴巴里。咔嚓,咔嚓!几口就把一整棵苹果树吃进肚子里了。

吃完苹果树，贪吃怪满意地点点头，瓮声瓮气地说："哇！好吃，好吃！这里全都是美味，我这就回贪吃星球，把家搬到这里来。那样的话，我的太太，我的十八个孩子，我的爸爸妈妈、爷爷奶奶、外公外婆、叔叔婶婶……都能来这里大吃大喝啦！"说完，贪吃怪转身就要上飞船。

天哪！如果贪吃家族来到稀奇古怪国的话……嘟嘟国王想都不敢想，他急得直拍大腿："哎呀呀！这可怎么办呀？"

这时，慢吞吞小姐不慌不忙地走到贪吃怪跟前，伸手拦住他，说："请等一等，我要做几道美食，来招待您这位远方的客人。"

啊？大家都闹不懂慢吞吞小姐葫芦里卖的是什么药。只有贪吃怪拍着大手哈哈大笑："好！"

很快，第一道美食来了——一大盆凉拌四季豆。翠绿的四季豆看着就清脆可口。

咔嚓，咔嚓！贪吃怪端起大盆，几口就把四季豆吃光了。

吃完凉拌四季豆，贪吃怪揉了揉肚子，嘟囔了一句："好吃，不过我的肚子好像有点疼哦！"

接着，第二道美食来了——一大锅红烧河豚。红红的酱汁包裹着河豚肉，鲜香肥美，香气扑鼻。

贪吃怪迫不及待地端起大锅，吧唧，吧唧！一口气把红烧河豚吃得干干净净。

吃完红烧河豚，贪吃怪皱了皱眉，咧了咧嘴，说："真香，不过吃完好像有点恶心哦！"

最后，第三道美食来了——一大桶鲜嫩蘑菇汤，各种颜色的蘑菇漂在汤里，一个个蘑菇颜色艳丽，像花一样好看。

咕咚，咕咚！贪吃怪捧着大桶，喝了个底朝天。

喝完汤，贪吃怪摇摇晃晃，他甩了甩脑袋，含糊不清地说："好喝极了，但我好像有点头晕哦！"

这时，慢吞吞小姐又慢悠悠地拎来一篮白果，热情地招呼贪吃怪："饭后小零食可不能少，请您慢用！"

贪吃怪一把抓起篮子，哗啦啦，把一篮白果全都倒进嘴巴里。嘎嘣，嘎嘣！他像吃糖豆一样，把白果吃进了肚子。

"哎哟！哎哟！"刚吃完白果，贪吃怪两眼一翻，口吐白沫，差点儿晕倒在地上。他一只手捂着脑袋，一只手捂着肚子，大声叫起来："头疼！肚子疼！恶心！"他一面叫，一面跌跌撞撞地爬上飞船。

慢吞吞小姐慢条斯理地向他挥挥手："欢迎您再来吃！"

"再来?"贪吃怪吓得脸色苍白,使劲儿地摇晃着大脑袋,叫道,"这里的食物虽然好吃,可全都有毒!再来吃,命都要丢了!"

说完,贪吃怪开着他的大飞船,一溜烟儿地逃跑了。

化学来揭秘

小朋友，在我们享受美味时，一定要小心它们中藏着的大魔王——有毒食物。比如故事中的四季豆、河豚、毒蘑菇和白果。

四季豆好吃，但却含有皂素和血凝素等毒素，彻底煮熟才能把这些毒素破坏掉。如果吃没有彻底做熟的四季豆，会让人出现恶心呕吐、腹泻腹痛等症状。

河豚肉质鲜美，但却是世界上最毒的动物之一。它的肝脏、肠胃等部位含有河豚毒素，这种毒素能麻痹神经，毒性非常大，只需0.5毫克就能致人死亡。只有经过专门培训的厨师，才能做好河豚。

蘑菇香滑可口，但很多毒蘑菇中含有可怕的毒素。人吃了毒蘑菇，会出现幻觉、肌肉抽搐、神志不清，严重的甚至会死亡。不少毒蘑菇颜色鲜艳，十分诱人，但对于来源不明的蘑菇，我们可千万不能乱吃啊！

白果是银杏树的果实。它营养丰富，却含有有毒物质氰苷、银杏酸、生物碱等，吃多了会引起头疼头晕、口吐白沫、呼吸困难等症状。所以银杏果不能一次吃太多，吃之前，把胚芽和种皮去掉，再充分加热，可以降低毒性。

蔬菜"去毒"好方法

蔬菜营养丰富，但有的蔬菜却"有毒"。焯水是一种常用的"去毒"好方法，尤其适合以下几种蔬菜。

（1）草酸高的蔬菜。

菠菜、空心菜、马齿苋等草酸含量比较高。草酸在被人体吸收前，会和人体中的钙结合，形成难溶的草酸钙，妨碍人体对钙的吸收，造成缺钙。焯水能去除大部分草酸。

（2）含"毒素"的蔬菜。

有些蔬菜中含"毒素"，比如新鲜的黄花菜，里面含有"秋水仙碱"。秋水仙碱进入人体后，会被氧化成毒性很强的"二秋水仙碱"，导致恶心呕吐、口干舌燥、腹痛腹泻等症状。食用前，可以把花蕊摘除，再焯水，然后冷水浸泡1小时，即可降低毒性。

（3）亚硝酸盐含量高的蔬菜。

亚硝酸盐吃进肚子里，会在胃酸环境下形成致癌物，影响人体健康。有些蔬菜，比如香椿，亚硝酸盐含量比较高，焯水能把蔬菜中大部分亚硝酸盐去除。

另外，豆角、茭白、油菜、香菇、荠菜等也"有毒"，最好吃前也用开水焯烫一下。

厨房是个实验室

豆浆有毒吗？

🔍 **实验准备**

黄豆　小盆　水　榨汁机　杯子3个　橡胶手套　标签纸
不锈钢锅　勺子　豆浆生熟度试纸

🧪 **实验步骤**

（1）把黄豆放进小盆里，加水泡8小时左右。

（2）在3个杯子上，分别贴标签纸，写上编号1到3。

（3）把泡发好的黄豆放进榨汁机，加水打成生豆浆。

（4）往1号杯子里倒入1/4杯生豆浆。

（5）把剩余的生豆浆倒入不锈钢锅中，大火加热到沸腾。

（6）用勺子舀出热豆浆，放入2号杯子，到1/4杯。

（7）豆浆继续小火加热沸腾10分钟，关火。

（8）用勺子舀出热豆浆，放入3号杯子，到1/4杯。

（9）戴上橡胶手套，分别把豆浆生熟度试纸伸入3杯豆浆中蘸一下。2分钟后，观察发现：蘸取1号杯子豆浆的试纸变成深红色，蘸取2号杯子豆浆的试纸变成红色，蘸取3号杯子豆浆的试纸不变色。

💡 你知道吗 ❓❓

豆浆中富含多种维生素、矿物质和植物蛋白等营养,一直深受人们喜爱,是家家户户早餐桌上常客。可是,你知道吗,豆浆中还含不少"有毒"的物质呐!比如皂素、胰蛋白酶抑制剂、脲酶等。

不过,你不必担心,豆浆中的"毒素"很不稳定,通过加热即可去除。豆浆彻底煮熟,就变得安全无毒,可放心饮用啦!

豆浆到底有没有彻底煮熟呢?可以通过检测豆浆里"有毒"的脲酶活性来判断。脲酶能够催化尿素分解成氨,导致pH值升高。豆浆中脲酶活性不同,会使加有尿素和苯酚红指示剂的试纸显示出不同的颜色。试纸红颜色越深,说明豆浆越生;试纸不变色,说明豆浆已经彻底煮熟了。